U0338228

TOP CLUBS II
顶级会所

佳图文化 编

天津大学出版社
TIANJIN UNIVERSITY PRESS

《顶级会所 II 》是一部顶级会所设计的精品力作。本书取材来自各地的知名设计事务所，从中精选出最新最具代表性的顶级会所案例编撰成册。全书从会所的设计定位、建筑形象设计、室内风格设计、环境尺度分析、设计材料选用等方面入手，每个案例均配备精心挑选的设计技术图纸以及实景图，全面、系统地展示出顶级会所的设计细节，为设计业内人士提供高端会所设计的实用参考。

前言

Preface

CONTENTS 目录

Sales Center 售楼部 | 006

The Club 会所 | 172

SALES CENTER

楼盘形象

风格统一

功能分区

动线流畅

Guotai Puhui Reception Center

国泰璞汇接待中心

主持设计师：周易

参与设计：吴佳玲

室内设计：周易设计工作室

项目地点：台湾台中市

基地面积：993.7 m²

摄 影 师：和风摄影，吕国企

　　本案基于临时建筑如何低调融入周边地景，深度推演极简量体与环境的对应关系。建筑本体以方整的矩形打开横向面宽，设计上以简洁的水平、垂直线条结构，搭配大小不规则拼接的灰阶水泥板，展现建筑体外观的素朴与精致，更结合擅长的点状、带状情境光源，突显绿地、水景衬托主建物的轻盈之美，隐喻内敛中蓄势待发的生命力。

　　推开特制竹编大门进入售楼处内部，亮黑色地坪延展的空间开阔而深邃，动线配置也如同简约外观的延伸。醒目的迎宾柜台是巨大的空间光点，由折纸概念而来的立体天棚与柜台基座，分别以木作搭配人造石建构，如同钻石立体切割的形体，在焦点灯光衬托下尤其力道遒劲，横斜其间的黑色树枝，别具设计者独有的风格印记。此外，柜台后靠的水泥板背墙穿插错落黑玻，除了让硕大墙体更有层次，也让墙后办公室内的工作人员，可以透过玻璃窥视孔随时照看前台动静。

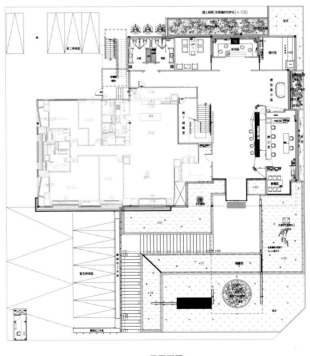

一层平面图

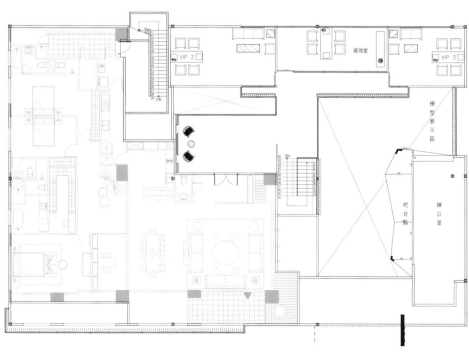

二层平面图

Shenzhen Chih-Yu Lan Bay Sales Center

深圳联路芷峪澜湾花园
销售中心

室内设计：戴勇室内设计师事务所

软装工程/艺术品：戴勇室内设计师事务所＆深圳市卡萨艺术品有限公司

客户：深圳市联路投资管理有限公司

项目地点：中国广东省深圳市

建筑面积：850 m²

摄影师：江国增

    本案的设计构思围绕着项目的名称——"芷峪澜湾"这四个字而展开。由此出发，设计师以自然的竹木色和清新的湖水绿铺满整个空间。天花密密的竹木条在垂直方向弯曲成流水一般的柔美动态，犹如溶洞中即将滴落的石钟乳，在自然重力的作用下垂到了地上，巧妙而又自然地隐藏起原建筑结构中六根粗大的柱子。服务台水绿色磨砂玻璃的背景上呈现出数不清的水滴形状，从木条天花上垂下来的水泡灯，像滴落的水珠被定格在半空中，晶莹闪烁，带给人唯美的视觉感受。

    设计师摒弃了售楼处一贯的设计手法，而是把该销售中心打造成都市中的一片绿洲，带给人清新脱俗，回归自然的感受。置身其中，似有一片凉意沁入心脾，清澈自然。水的意象无处不在，心境也如被水洗涤过一般清澈通明。

Cofco Jinyun Marketing Center

中粮锦云营销中心

设计师：聂剑平、张建
室内设计：深圳市世纪雅典居装饰设计工程有限公司
项目地点：中国广东省深圳市
面积：1000 m²

　　营销中心担负着展示项目质素及品牌形象的职责，要体现楼盘所在地域的领先优势，同时也要影射中粮集团的精致品牌形象。设计在强调整体空间的流畅大气的同时，融入时尚的元素以表达与时俱进的时代感。

　　简洁利索的切面关系与贯穿始终的竖线条联系着整个空间，使空间充满着节奏与韵律。有如植物藤蔓的地面拼花与巨幅的墙面艺术壁画，恰似乐章间跳动的音符，蕴含着"中粮"的品牌内涵。

　　水晶吊灯、吧台镂花、水晶玻璃棒吊饰都是经过独特设计的艺术品，为整个空间增添独一无二的装饰效果与艺术品位。

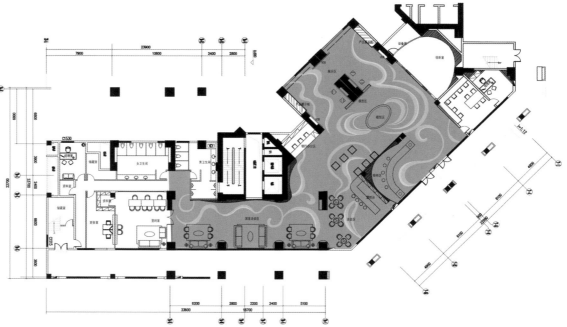

中粮锦云
主城央 繁华里 静有境

Sales Center of Yushan Lingxiu, Jiangyin

江阴敔山岭秀售楼处

室内设计师：陈亨寰、陈雯靖
软装设计师：汪晓理
室内设计：大匀国际空间设计
软装公司：上海太舍馆贸易有限公司
项目地点：中国江苏省江阴市
面积：745 m²
摄影：柏达双影

    项目以素雅的材质及简练的线条构架起整体空间的简约结构。外皮层运用有机玻璃管内裹金属纱布，借以达到一种半透明丝质的美感，其简洁、通透的造型结构，展现出"错置中有规律"的装置形态意念。白天借由材质的透明度达到视觉内外通透的效果，而当夜幕低垂时，有机玻璃管内置的 LED 照明灯，使售楼处外观显现出另一种静肃的状态。

    色彩是室内设计中最为生动、活跃的因素。色彩本身不仅能体现出居住人的精神面貌及文化修养，也能体现出当地的人文氛围。江阴在过往被称之为"澄江"，因在当地以"橙金"之色为贵。故此，设计于不同的楼层中施以不同色彩，以达到略施粉黛却熠熠生辉的效果。

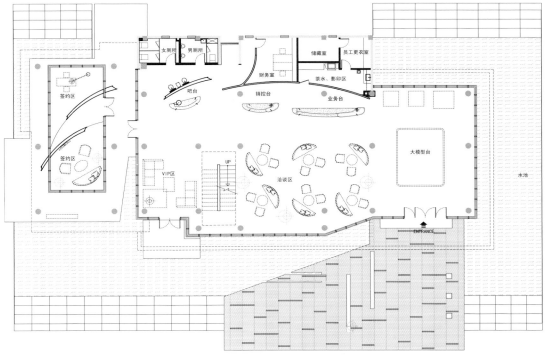

一层平面图

软装设计规划工作中亦考虑到空间使用上的机能及需求以及客户商谈时所注重的整体舒适度与隐密性。在灯具的选择上，设计师也在造型样式上发挥想象，为整体空间带来视觉上的新体验。VIP室的水晶吊灯更是完美诠释了"明收暗放"的姿态与表情，不需穷尽华丽炫富，但求高雅、内敛的气息。

特别值得一提的是设计师精心设计制作的接待桌——"大勺诺亚桌"。此桌犹如一艘白色诺亚方舟，其制作工艺的难度堪称"石破天惊"。从外包进口毛毡的仔细拼缝再到安装上大理石的承重调试，处处精益求精。力求软装意念氛围与空间设计相辅相成，和谐配搭。

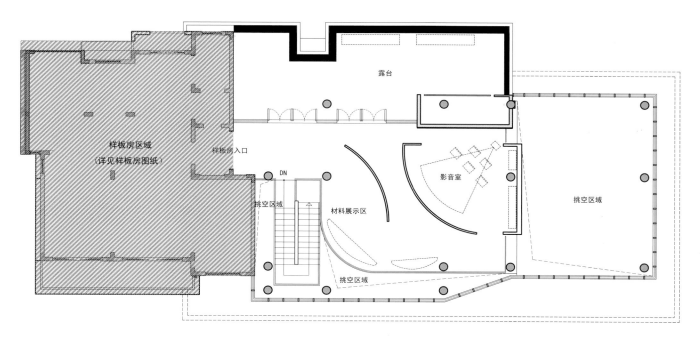

二层平面图

Sales Office of Vanke Langrun Park Villa, Zhongshan

中山万科 · 朗润园别墅售楼处

设计师：韩松
室内设计：深圳市昊泽空间设计有限公司
项目地点：中国广东省中山市
面积：370 m²
摄影：陈中

　　因本楼盘为别墅群，故售楼处强调专属性和客户的尊贵感。项目主要运用的材料有花梨木索色、米黄石材仿古面、石材马赛克镶边、实木地板拼铺、手绘墙纸等。

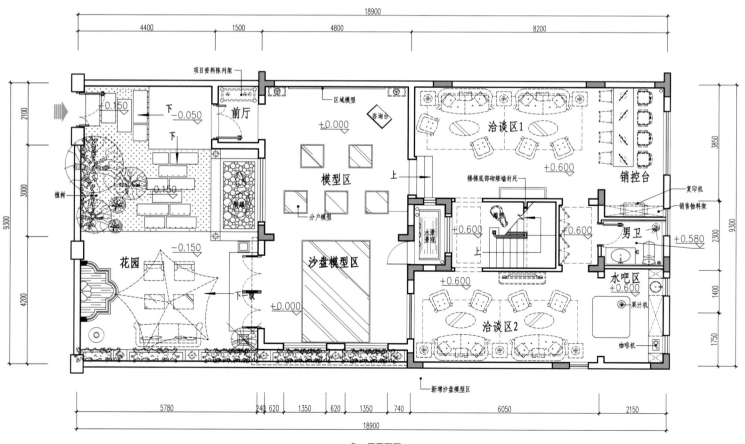

负一层平面图

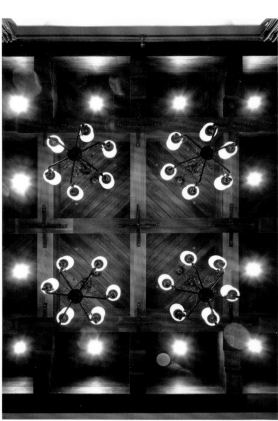

Sales Office of Dongqiao Jun

东桥郡售楼处

设计师：姚海滨
室内设计：深圳市砚社室内装饰设计有限公司
项目地点：中国重庆市
面积：1 500 ㎡

设计的主题：拱形的浪漫空间。项目设计保留了建筑群外立面动态、连续、循环的建筑风格，拱形成为贯穿其中的灵魂。设计师将建筑中的圆形拱门及回廊采用数个连接或垂直交接的方式进行组合，在走动观赏中，体验延伸般的透视感。在走廊处运用了半穿凿的方式塑造了室内的景中窗，情趣油然而生；本项目的"桥"与"拱形"的关系得以淋漓尽致的表现。

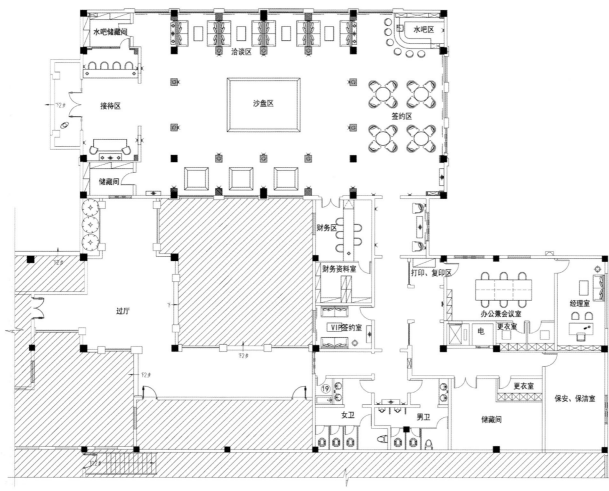

平面图

Longfor Huaqian Shu Sales Center

龙湖·花千树售楼处

设计师：姚海滨
室内设计：深圳市砚社室内装饰设计有限公司
项目地点：中国重庆市
面积：1000 m²

　　该设计的主题：人生是首花园里的诗。此案位于重庆大学城的正中心位置，集享各大中心圈的精华资源，将独特的装饰艺术美学标准延伸到室内的各个空间，苛刻到每个细节——通透的落地窗、优雅的家具摆设、春天般的森林挂画等，让"人生是首花园里的诗"这一主题得到充分的体现。

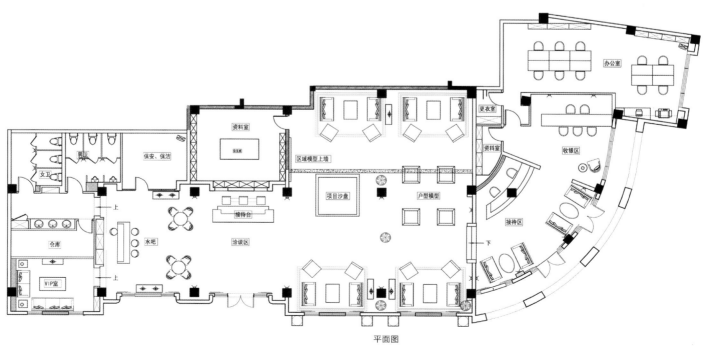

平面图

Sales Center of Longfor Hometown

龙湖·源著售楼处

设计师：姚海滨
室内设计：深圳市砚社室内装饰设计有限公司
项目地点：中国重庆市
面积：1 000 m²

　　项目设计的主题：线条。设计师采用源于生活的艺术手法来设计这个名为"源著"的项目，以此来体现人们的行为方式。设计师将空间、地面、墙壁、天花板上都覆盖着粗细不同的线条，用来增强整个空间的直线感和夸张尺度，使整个空间呈现硬朗的轮廓，在软装配饰上大量运用曲线来中和、平衡，从刚性气势中隐约渗透柔美、知性的温婉气质；同时，这些线条也指引着人们在空间中的流动，它既是终点，也是起点。

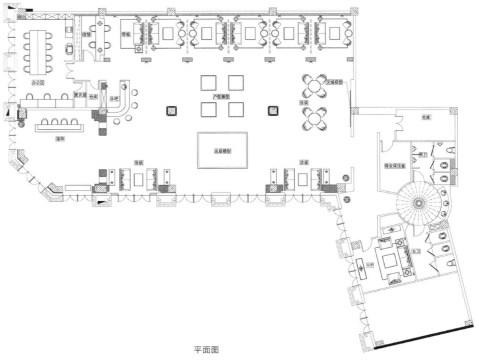

平面图

Sales Office of Wanfu Royal Palace Secret Territory in the Garden

万孚尊园·园中秘境售楼处

设计师：刘卫军
室内设计：PINKI 品伊创意集团
项目地点：中国浙江省平湖市
项目面积：3 500 m²

仰望灿烂的星空，追寻内心的法则。欧洲文化的迷人在于人们对未知的向往与自我探索的执著，艺术与哲学、绘画与雕塑、音乐与书籍，无不慰藉和引领人类向往伟大，走向睿智。本案的立意由此出发，糅合国人的生活形态，镶嵌贵族气质的精髓，丰富完备的功能和优雅柔和的氛围是其中的亮点。灵动的动线布局带来活泼的空间序列，木材与石材等天然材质的运用令空气中弥漫着高贵与舒适，好像徜徉在卢浮宫中聆听毕加索、梵高的心声，又似在维也纳的森林里漫步，抑或开始了格兰特船长的冒险之旅。

059

Haixi Baiyue City Sales Center

海西 · 佰悦城售楼中心

设计师：金舒扬、林圳钦
室内设计：福建国广一叶建筑装饰设计工程有限公司
项目地点：中国福建省福州市
面积：1 000 m²

　　设计伊始，一个对太空空间的延续，形成了该方案的立体概念，营造出一个时尚、简洁、轻盈并富有层次的空间是这次设计的主旨。白色石材、黑色玻璃与镜面不锈钢的使用，使得整体空间层次与虚实关系更为清晰有力。在水晶吊灯静谧的灯光照射下，空间呈现出一种惊艳的时尚气息。

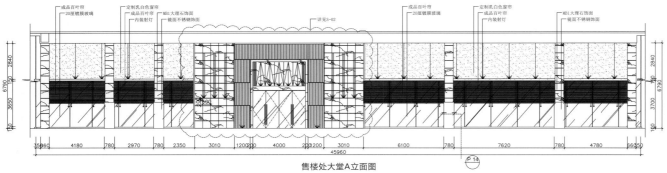

成品百叶帘
20厘镀膜玻璃   定制乳白色窗帘   MB1大理石饰面
           内装射灯   镜面不锈钢饰面   详见S-02   成品百叶帘   定制乳白色窗帘   MB1大理石饰面
           成品百叶帘   20厘镀膜玻璃   内装射灯   镜面不锈钢饰面

售楼处大堂A立面图

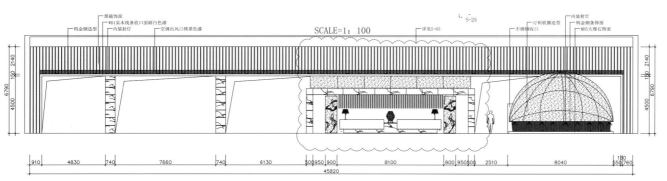

                  黑镜饰面   内装射灯
         钨金钢造型   WD1实木线条收口刷白色漆   内装射灯   空调出风口烤黑色漆   SCALE=1：100   详见S-03   不锈钢收口   订制软膜造型   钨金钢条饰面   MB5大理石饰面

售楼处大堂C立面图

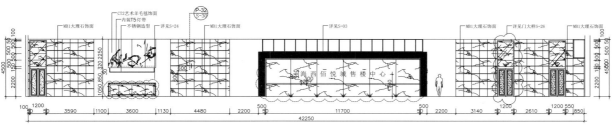

                      CT2艺术羊毛毡饰面   P-32
         MB1大理石饰面   内装T5灯带   S-30   MB1大理石饰面   详见门大样S-26   MB1大理石饰面
                      不锈钢造型   详见S-24   MB1大理石饰面   详见S-03

售楼处大堂E立面图

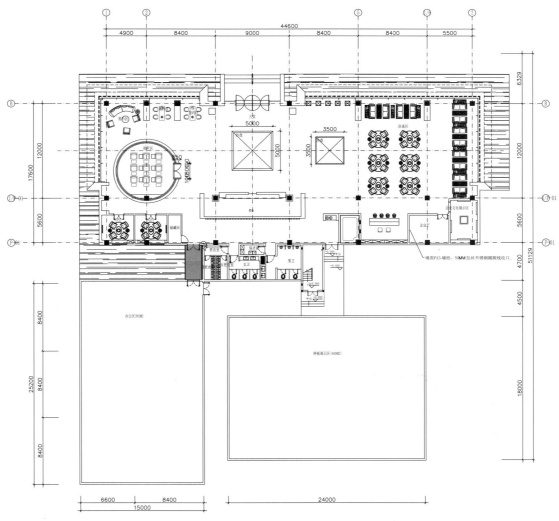

平面图

Hezheng All Lovein Town Sales & Exhibition Center

合正·汇一城营销展示中心

设计师：邱春瑞

参与设计：李赢

室内设计：台湾大易国际·邱春瑞设计师事务所

项目地点：中国广东省深圳市

面积：1500 m²

摄影：吕荣德

　　本案位于深圳市宝安区西乡大道与新湖路交会处，作为一个售楼处使用，其占地1500 m²的辽阔空间，首要体现的是其展示功能，再者便是人流动线，这也是最重要的一点。整个销售过程包括接待、展示（影音、模型）、洽谈、签约、付款，设计师合理有序地将这些过程安排到空间中。

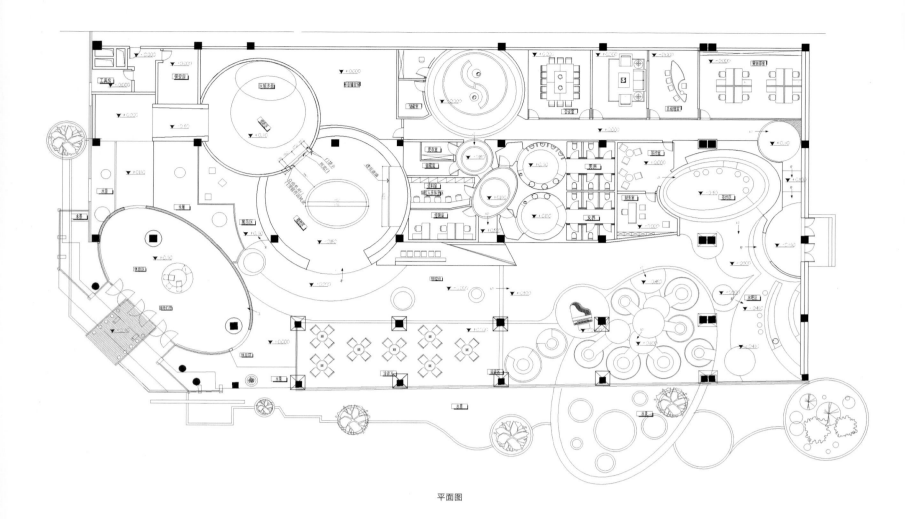

平面图

ICON Dayuan International Center Sales Department

ICON · 大源国际中心售楼部

设计师：张晓莹

室内设计：多维设计事务所

项目地点：中国四川省成都市

面积：800 m²

    项目位于天府大道旁大源核心商务区，为 2011 年高投置业城南点睛之笔。外观采用德国 GMP "德系精工" 建筑手笔。设计上结合项目和目标客户群特征，定义 ICON · 大源国际中心售楼部为现代风格，理念定位为 "德国精工再发现"，由项目 LOGO 演变的无规则现代感的线条、镀膜玻璃折面异形 "钻石" 盒子、德国精工品质的收藏品、富有硬朗现代感的家居等设计手法，在呼应德国品质坚实的外表的同时，打造出具有理性化、个性化、可靠化、功能化的内在空间特征。在灯光的布置上，采用泛光源、点光源、LED 线光源相结合的方式，天花 T5 灯槽纵横交错，造型来源于项目 LOGO，简洁明了，干脆利落。德国精工展示区域采用 LED 线光源，用透明亚克力作为传送媒介。

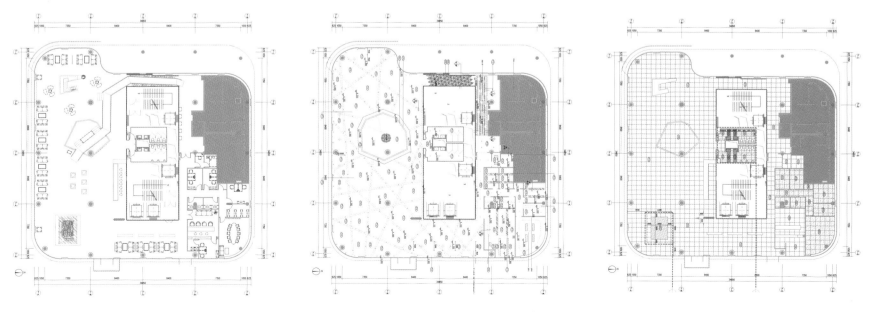

Hengchang Lufu Mansion Sales Center, Xining

西宁恒昌·卢浮公馆营销中心

设计师：邱春瑞

室内设计：台湾大易国际·邱春瑞设计师事务所

项目地点：中国青海省西宁市

面积：1 600 m²

　　项目位于青海省西宁市海湖新区湟川中学新校区西侧，作为营销中心，有着宽达1 600 m²的展示空间和办公空间。室内金色立柱、圆润的皎月圆吊灯、摩天轮圆盘地面、镂空铁艺栏杆等元素体现了奢华的法式浪漫风格。主要用材包括阿富汗黑金花、咖啡金、流金啡、西班牙米黄、金箔、爵士白、黑钛金、铜条、银镜、灰镜、皮革、黑色铁艺等。

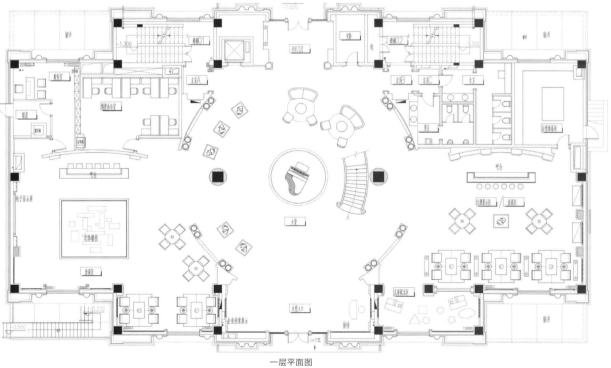

一层平面图

Golden Mansion Sales Club

金辉华府售楼会所

设计师：王家飞
室内设计：北岸设计
摄影：周跃东

　　在金辉华府售楼会所中，设计师将唯美的西方古典元素融入现代的风格中，以稳重、精致的色调及家具陈设为主轴贯穿整个空间。暖色是整体空间的基调，隐藏着一份难得的视觉包容性。温暖的质感以及几何装饰派生出周遭的张力。事实上，氛围的设计在很大程度上浓缩了整个会所的格调，显示了一个空间对人们感官的触动。在这样的整体环境中，摆放若干黑色的皮质座椅，让空间变得充满灵性，拥有自身的生命力。在楼梯的墙面处，镜面材质的运用丰富着空间的属性，是设计手法和理念的扩展和延伸，达到装饰空间的效果。

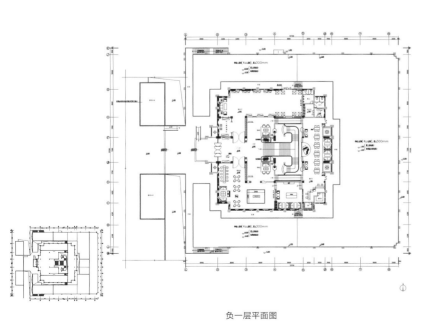

负一层平面图

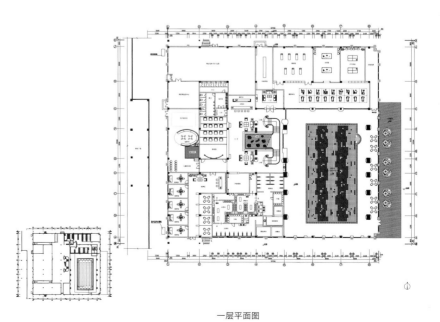

一层平面图

休憩会谈区中，明、暗色调的反差带给人们别样的空间体验。黑色的沙发、钢琴、吊顶、桌子，这些蕴涵着想象力的绝佳元素被放置在这里，配合着周边的灯光，使得这个区域呈现不同层次的变化。奢华成了一个凝练的过程，唤醒了人们对生活的美好期待。

除了色调与陈设的匠心独运外，售楼会所的空间结构也是设计的一大亮点。从下往上，层层递进，着力从大、中、小的各个不同层面上提供交流沟通的空间。与此同时，设计师采用对称性的阶梯设置，产生穿插交错的空间感，形成富有生气和流动感的空间视觉效果。

Runjin
La Cadíere
Sales Center

润锦·蔚蓝卡地亚售楼处

室内设计：戴勇室内设计师事务所

软装工程/艺术品设计：戴勇室内设计师事务所

　　　　　　　　　深圳市卡萨艺术品有限公司

客户：烟台润锦房地产开发有限公司

项目地点：中国山东省莱州市

建筑面积：1 200 m²

摄影：江国增

　　项目一开始就是一番大手笔。设计师彻底颠覆了原建筑格局的沉闷和闭塞，采用中轴对称的平面布局，展现出蔚蓝卡地亚售楼处新古典主义风格的高贵稳重，并且将上、下两层打通，在展厅中央形成一个开放的椭圆形中庭空间，四根圆柱雄浑粗壮，二层天花通过一圈圈椭圆形的灯带使中庭显得更加高耸、大气、优雅。

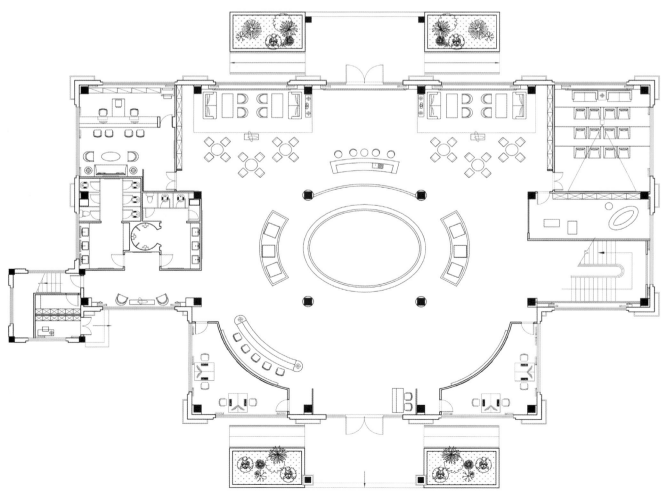

一层平面图

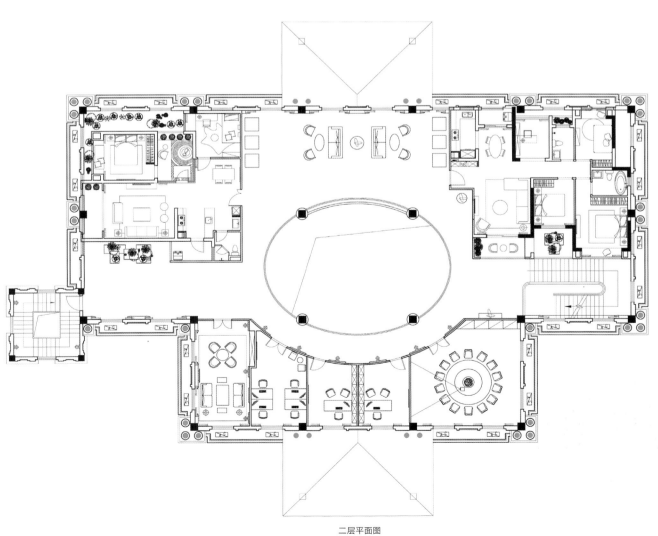

二层平面图

椭圆形的平面布局打破了原先四方、保守的空间格局，同时又赋予空间新的设计概念。中庭一圈圈的天花和地面圆形的波打线相呼应，围绕着中间椭圆形的沙盘，像一圈圈涟漪扩散开来。椭圆形作为该项目独特的设计语言被运用到多处地方，如由椭圆形花格叠加而成的沙盘背景屏风以及从天花上垂下来的圆环水晶吊灯。

精心挑选和摆设的家具及饰品展现出新古典主义的尊贵姿容，同时又兼具优雅、时尚的现代感。一层设有影音室和儿童娱乐区，二层VIP室的软装陈设营造出如居家一般的轻松氛围，高贵之余又带有些许古典主义的浪漫情怀，给客人带来至尊礼遇。

Zilong
Mansion
Sales Club

紫龙府售楼会所

设计师：李伟强

　　紫龙府售楼会所设计以简约、时尚的风格为主，融入一点现代中式的元素，力求在延续帝景产品一贯庄重的基础上达到中西合璧的感观效果。项目风格的主调是中西合璧，手法主要是现代与传统相结合。这些融合不仅仅是表面形式的拼凑，而是通过空间布局（强调中轴对称，体现空间的庄重）、材质的对比（传统米黄类石材和山水纹石材的搭配）等深层次的交融而实现的。

　　本案在空间布局上借鉴了西方建筑物中轴对称的手法，向客人传达"非壮丽无以重威"的空间感受。此项目的另一特色是把画廊和售楼会所结合起来，客人从大门步入会所，首先映入眼帘的是一个以展示中国画为主的画廊。对称的方柱以山水纹石材装饰，以其独特的水墨纹理有机地融入东方艺术空间之中。穿过画廊便到了售楼会所的主体。由于建筑本身有一列身量巨大的柱子，自然地把空间划分成沙盘区、洽谈区和书吧等区域。而设计师又把这些柱子以大门套的形式连接起来，从而使整个空间既相互交融又能轻易区分。此外，设计师在连接住户大堂与会所的过渡空间设置红酒层架，既满足使用功能，也令原来简单的走道变得丰富与通透。

项目的选材既慎重，又敢于创新。空间选用金黄色的石材为主基调，以体现产品雍容华贵的王者之气。在形象墙以及主柱上则选用山水纹理石材作为点缀，在视觉上使空间与写意国画展品融为一体；在风格上以石材的水墨纹理暗示写意东方的意境，点出"中西合璧"的主题。此外，大量茶灰镜不锈钢通花与片状水晶等反光材料的运用体现了现代设计元素的特征，在视觉上增加了空间的华丽感。值得一提的是，会所地面的石材拼花形式上是典型的欧式做法，然而图案的内容却是"中国龙"的图腾，这样的组合符合了项目东西方融合的特征与追求，也呼应了"紫龙府"中"龙"的主题。

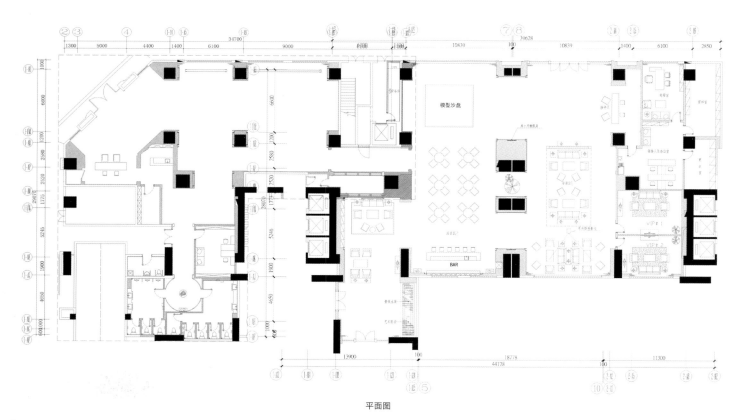

平面图

Jinmao Xueshan Yu Sales Center, Lijiang

丽江金茂·雪山语售楼中心

设计师：林振中

室内设计：北京圣拓建筑工程设计有限公司

　　设计巧妙地结合自然赋予的美景——玉龙雪山，给人耳目一新的感觉，让人感受到室内与室外的完美结合。金茂·雪山语售楼中心是一个为旅游度假服务的售楼处，一个独特的空间，为游客打造一个别具匠心的栖息之处。同时响应主题思想：静心丽江·古镇净心·倾听雪山语。

　　纵观雪山语售楼中心的整个设计，从建筑、景观到室内，入口到收尾，气韵饱和，形态潇洒，平面路径丰富，景观品质高贵。自然穿插，房中有景、景中有房，相互呼应，顾盼生辉。利用现代中式的装饰设计手法，框景、借景、虚实结合、对称性和序列性完美结合。材质上采用了青石、中国黑、木纹石、灰砖、柚木等材料，与纳西元素巧妙结合在一起，突显了当地的文化特色。

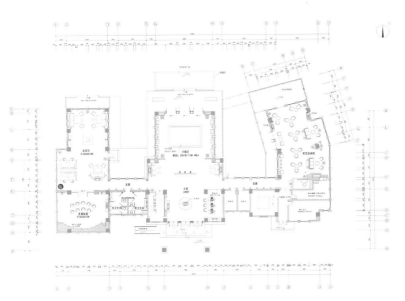

一层平面图

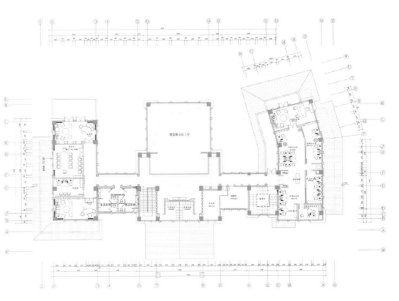

二层平面图

Sales Center of Upper River Garden

上河苑售楼处

设计师：王文亚
室内设计：异国设计・上海奇高
项目地点：台湾台北市

　　项目位于文山区木新路上，建筑整体融入中式元素，运用大量的莱姆板，表现材质自然的颜色及纹理，一反接待中心的奢华亮丽常态，以单纯的手法传递出好的居所最需要的安定及舒适感。

　　为呈现将来大厅的实景概念，内部空间融入许多不同的中式设计概念，并加以简化成雅致、质朴的空间。以中国古代窗棂作为入口及洽谈区天花造型设计。利用建筑造型设计，分割出独立具有安定感的洽谈空间，与户外庭园空间更能紧密结合，墙面利用圆型开窗，及简化古代"盘长结"喷砂图腾，成为串联整体洽谈区精神主轴。控台区后方以"涟漪"概念孕化出一个独具特色的造型主墙，石头漆的质感更添加了自然不造作的观感。

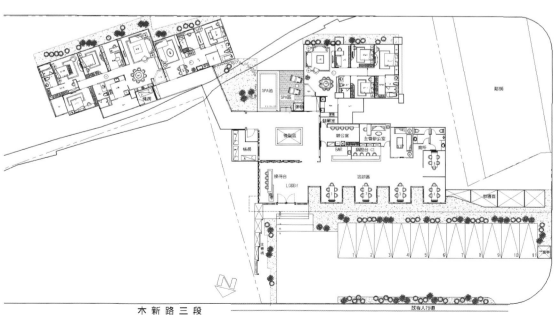

Sales Center of Weihai Wendeng Resort, Beijing

光耀威海文登度假村项目 北京售楼处

设计主持：贾立

参与设计：张镕、苗壮、高璇

室内设计：立和空间设计事务所

项目地点：中国北京市

改造面积：218 m²

摄影：高寒

　　项目位于北京三里屯 soho，北京繁华的商业中心区。室内使用面积为 218 m²，空间呈狭长型。不同的景致，相同的心情，构成了本案空间设计的灵感来源。

　　入口处，一排门洞型木纹铝的方通格栅组成的走廊将室内外空间分隔开来。高尔夫体验区和接待区自然散落在其两侧，走廊的尽头是整个参观体验的终点，也是洽谈区的所在。方格栅形成的高低起伏、大小结合的空间形式既打破了原有沉闷且毫无遮蔽的状态，又起到了划分功能的作用。走廊是整个项目信息展示的核心区域，项目沙盘展示和区域沙盘展示位于中心位置，形成整个空间的视觉中心。单体沙盘和静态展示盘有规律地排列在走廊两侧，丰富视觉体验，也满足了销售的讲解动线。进入高尔夫体验区，

高尔夫球和球杆看似无规律地悬挂在展示区域内，传递出休闲轻松的气氛。卵石型的门框和窗框则与家具造型产生了良好的互动，相得益彰。

整个售楼处在色彩运用上力图打破狭长空间带给人的压迫感，柔和的浅色系成为了首选。竖向排列的海蓝色背漆玻璃成为整个空间的底色，将室内各个元素映射其中。蓝色延伸空间，又让人们感受到海的平静与深邃。卵石状异型灰白、灰绿色沙发交替排列，与透明亚克力坐凳搭配，虚实结合，层次分明。色彩丰富的海洋生物雕塑点缀其中，生机勃勃，趣味丛生，让人浮想联翩。

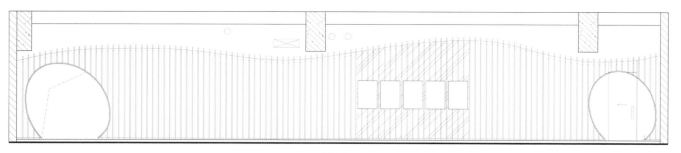

立面图1

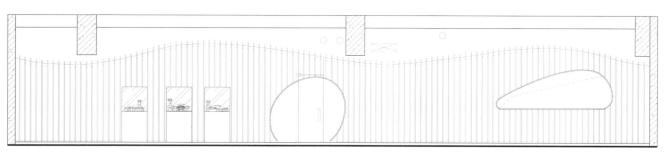

立面图2

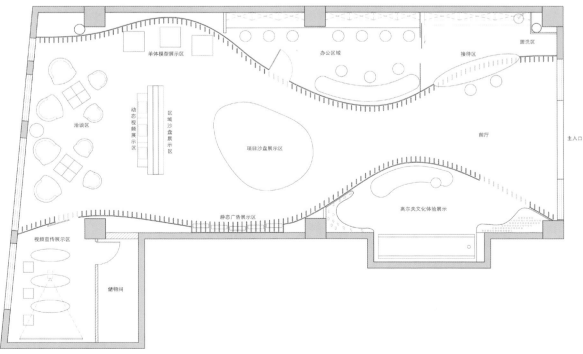

MOHO Sales Center

杭州西溪 MOHO 售楼处

主案设计师：朱晓鸣
参与设计师：曾文峰、高力勇、赵肖杭
室内设计：杭州意内雅建筑装饰设计有限公司
项目地点：中国浙江省杭州市
面积：210 m²

　　本案展售中心的楼盘，针对的是 80 后上下从事创意产业为主的时尚群体，结合本案项目所在地空间较为局促等几个方面综合考虑，如何在小场景中创造大印象，如何跳脱房产销售行业同质化的交易现场，如何创造一种氛围更容易催化年轻群体的购房欲望，所以就把"她"定位在纯粹、略带童真，甚至添加了几许现代艺术咖啡馆的气氛，以此为切入点。

　　整体的空间采用了极简的双弧线设计，有效地割划了展示区以及内部办公区，模糊化了沙盘区、接洽区和多媒体展示区，使其融合在一起。空间色彩大面积采用纯净的白色，适当点缀 LOGO 红色，吻合该项目的视觉形象。智能感应投影幕的取巧设置，树灯的陈列，还有开放的水吧阅读区，综合传递给每位来访者。轻松而又自由，愉快而又舒畅，畅想而又提前体验优雅小资的未来生活。这也完美表达了 MOHO 品牌的内在含义：比你想象的更多。

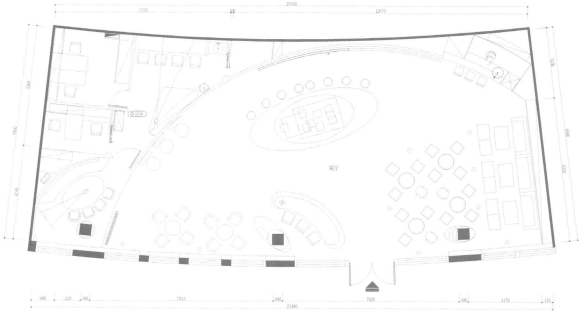

Poly Central Garden Sales Office

保利中央公园售楼处

设 计 师：阿栗，王博宇，梁浩
室内设计：北京艾迪尔建筑装饰工程有限公司
项目地点：中国北京市
建筑面积：800 m²

此项目位于国际空港区，所以该项目设计侧重于时尚、现代、国际化。

国际化——该项目旨在服务于来自全球的人士，满足不同国籍人士对于日常生活的审美需求；现代——简洁无疑是现代社会的代名词，在沉重的生活压力中，简洁的现代风格备受追捧；时尚——即使你不愿追随潮流，也会被潮流所影响。时尚的设计风格不仅会吸引有需求人士的垂青，也会吸引前沿人士驻足留恋，产生后消费倾向。

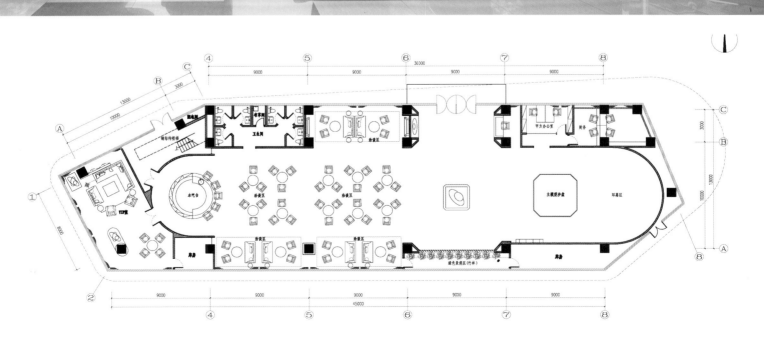

GUIGU Sales Department

中国·贵谷售楼部

主持设计师：林开新
参与设计师：胡晨媛
室内设计：福州林开新室内设计有限公司
项目地点：中国福建省福州市
面积：400 m²
摄影师：吴永长

本案是华奥集团贵安地产项目在福州市中心的一个接待体验馆，贵安地块是福州市以"温泉旅游及文化产业"为主题的地产开发新区。

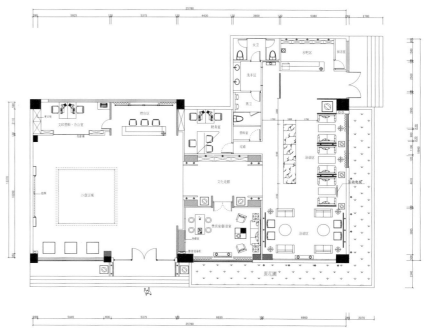

Sales Center of Dolce Vita, Guangzhou

广州御金沙销售中心

设计师：彭征
建筑/室内设计：广州共生形态工程设计有限公司
项目地点：中国广东省广州市

　　本项目作为临时性商业建筑的售楼部，其设计强调低造价、生态性和可持续性。被化整为零的建筑由栈桥和廊道串联起绿墙、接待大厅、洽谈区和数字体验区四个功能单体，最后通向示范单位。整个设计方案强调销售流线的动态设计，也注重人在动态中对空间的体验。整个设计采用的是一种现代简约风格，强调室内与建筑、景观在设计风格上的一致性，通过廊道、水景小品、小步道以及大量玻璃和对屋顶独特的光影处理，将销售中心各个部分有机结合在一起，特别是洽谈区和光影展示区之间的光与影、内部与外部空间的处理，产生了色彩斑斓之感，打造了一个简约而又梦幻的销售空间，让参观的人们自然地感受到此处销售中心别样的空间体验。

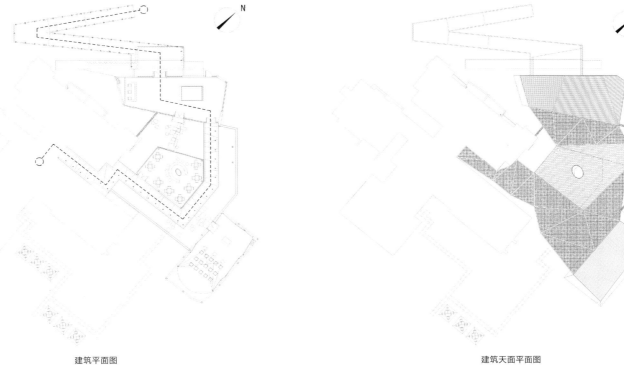

建筑平面图   建筑天面平面图

Beijing Miyun Flower City Temporary Sales Building

北京密云国际花都临时售楼处

建筑设计：UA 国际 / 上海尤安建筑设计事务所

项目地点：中国北京市

占地面积：75 600 m²

建筑面积：208 700 m²

　　该项目位于密云区城后街与新西路之畔，隶属于密云西区。作为临时售楼处，必须满足快速建造、经济合理、高质感等多种要求。建筑巧妙运用双表皮的概念，内层表皮是古典样式的外墙，但采用最为经济的涂料，外层表皮采用花格栅、磨砂玻璃和局部石材等古典建筑元素，两层表皮有机地融合在一起，古典与现代，细腻与精致，优雅地展现在人们面前。特别是在晚上，内层泛光照明进一步凸显两层表皮的层次感和空气感，产生一种朦胧的意境。空间、细节、表皮赋予建筑的不只是对建筑经典设计的追忆，并赋予它在不同光线的交互作用下给人一种光影流转的视觉享受，带给建筑一种特别的动态品质。

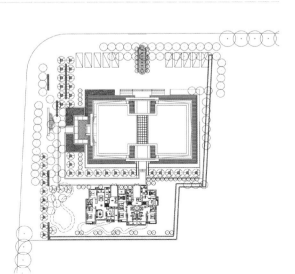

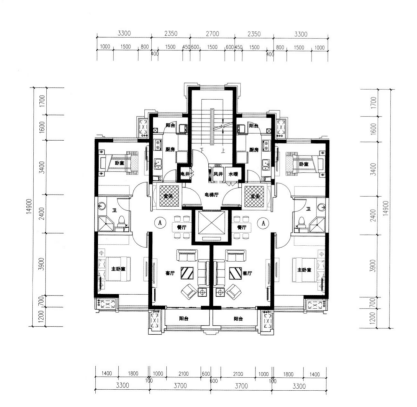

Hopson Regal Villa Sales Office

合生·帝景山庄售楼部

设计师：李伟强
项目地点：中国广东省广州市

    围绕欧式新古典风格的设计主线，以堂皇而不浮夸的设计理念，配合现代装饰材料和表现手法，自然流畅地诠释了"低调、奢华"的设计主题。高贵、大方的暖色调渗透于空间的每一处细节中，华丽的欧式线条勾勒被运用在整体造型上，精致的纹理图案元素则点缀于局部位置，无论是整体还是局部，都有着和谐统一的格调。入口接待区以欧式古典米黄大理石为主，进口意大利黑金花大理石拼花穿插交错，成为地面不可忽视的亮点所在。做旧金箔贴面的欧式家具及天花造型的设计演绎着浓郁的贵族庄园情调，通过对灯光的设计布局，展现出欧式风格特有的温厚与庄重。洽谈区是销售中心的主体，本案以弧线形半围合装饰墙作为展示的主立面，金色的马赛克拼花搭配银镜面，利用光线的折射作用形成吸引视线的效果。

Sales Center of Futong Tianyi Bay

富通·天邑湾营销中心

设计师：韩松
室内设计：深圳市昊泽空间设计有限公司
项目地点：中国广东省东莞市
面积：620 m²
摄影：邓雪彬

　　项目的主要材料运用了古木纹石材、白砂米黄石材、柚木板、黑镜等。由于建筑强势，因势利导，强调自然生长结构，设计充分利用现有建筑空间的优势。项目整体风格追求传统、自然和现代审美的融合，让建筑完美地展现出来。另外，空间的通透性和对外部自然景观的引伸，增加了空间的视觉优势而且提升了空间心理价值。

Sales
Center of
70'S & 80'S

柒零捌零售楼处

设计师：赵丹
室内设计：北京风尚印象装饰有限责任公司
项目地点：中国黑龙江省哈尔滨市

　　售楼处风格定位为时尚、人文，具有时尚新贵特征。运用直线、折线与曲线的结合明确售楼处的分区，流线清晰；沙盘运用折线的处理方式，消减楼盘的不规则形状，对柱子与形象墙、装饰墙的线脚进行叠级处理，重新解构欧式经典元素，从而传递时尚气息；运用圆弧形的前台，化解不规则的室内平面空间；在软装的搭配上沿袭解构手法，将经典元素重组，雅致、隽永。项目在时尚与经典之间切换与中和，以独特的个性来辐射宽广的客户群。

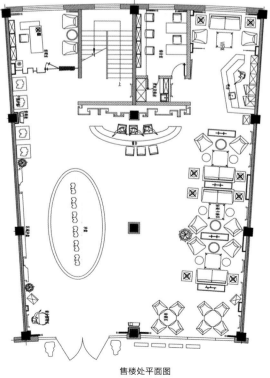

售楼处平面图

会所

THE
CLUB

类型定位

建筑形象

环境尺度

功能设施

Vanke Tangyue Club, Shenzhen

深圳万科·棠樾会所

设计师：韩松
室内设计：深圳市昊泽空间设计有限公司
项目地点：中国广东省深圳市
面积：3 000 m²

　　通常的会所都是清一色的豪华装修及装饰，挑高大空间，甚至有星级酒店般的设施及服务。而万科·棠樾会所则只有低调的奢华，会所里里外外、各个角落的装饰品都是明清时代的真迹，其年限距今约有二三百年的历史。本项目是深圳万科·棠樾会所的改造工程，设计主要对会所入口、走廊、棋牌室、卫生间、贵宾签约区、接待前厅、KTV 接待大厅、包房、过道等地方进行设计。其运用了古色古香的色调，中式风格，追求中式的对称美和空间平衡关系，达到中式的神韵和气质。项目具有凝重的复古色彩，强调了大气和尊崇之感，是追逐欧风潮流下的一个特例，更显设计师追求朴素且不失高贵的自然而生的醇正感。纯熟的设计令案例发挥到极致，十分适合国内人的口味。

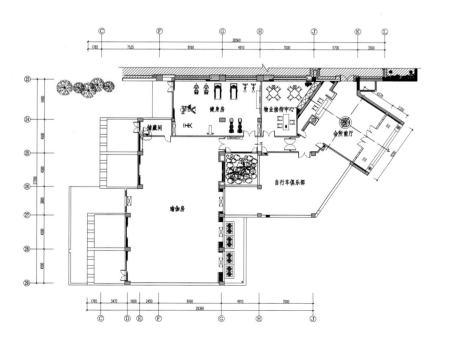

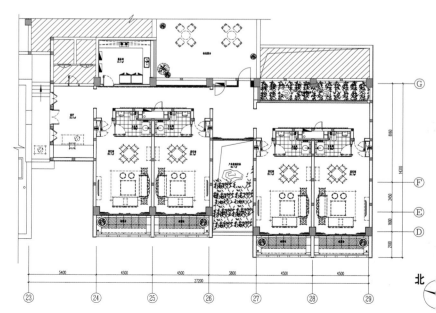

Yitian Royal Riverside Club, Changchun

长春益田·御水丹堤会所

设计师：王锟
室内设计：深圳市艺鼎装饰设计有限公司
项目地点：中国吉林省长春市

本方案以简洁、干净的线条烘托出空间的流畅感。清新的色调让空间的韵味更加悠长。作为会所空间，设计师注重的是提升客人在会所空间中所感受到的优雅氛围；为此，设计师利用大理石的厚重感加强空间的稳重气息，再采用木地板等赋予空间一定的自然清新气质。同时，少许景观植物以及软装饰品陈设的搭配，让特定位置的时尚感得到加强。白色的沙发以及黑色的茶座和靠枕搭配，产生出良好的现代时尚感。在不同的区域，利用不同的材质以及光影的效果，制造风格的差异性，使得空间在整体上更加富有动感。

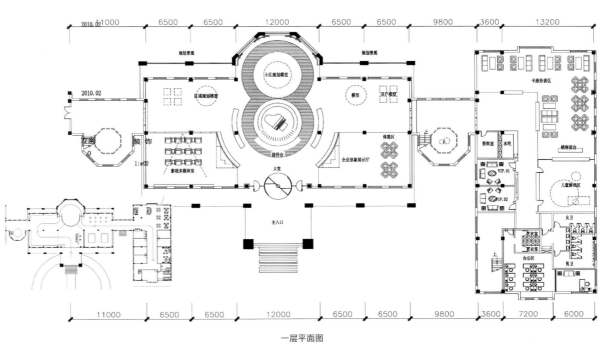

一层平面图

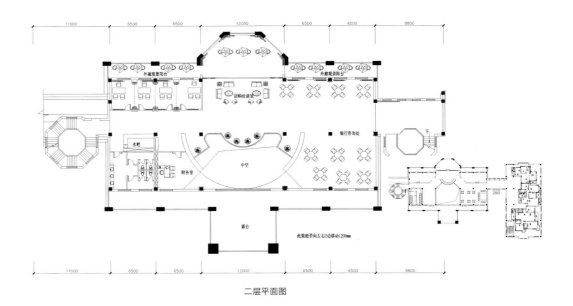

二层平面图

Chamtime Noble Palace

长泰淀湖观园会所

建筑设计：UA 国际 / 上海尤安建筑设计事务所
项目地点：中国江苏省昆山市
占地面积：9 000 m²
建筑面积：5 600 m²

　　长泰淀湖观园会所位于昆山淀山湖畔，拥有世外桃源般的自然生态环境及人文气息。设计师注重材料的质感、色彩的变化、空间的趣味和视线的通透等设计手法，营造出一个低调奢华、原汁原味的托斯卡纳乡村生活景象。在材料选用上，设计师利用了石材的粗犷、红砖的质朴、木材的宜人、涂料的手工感，空间上利用层层递进的院落及轴线关系，产生亲切的、让人感动的商务会所形象。

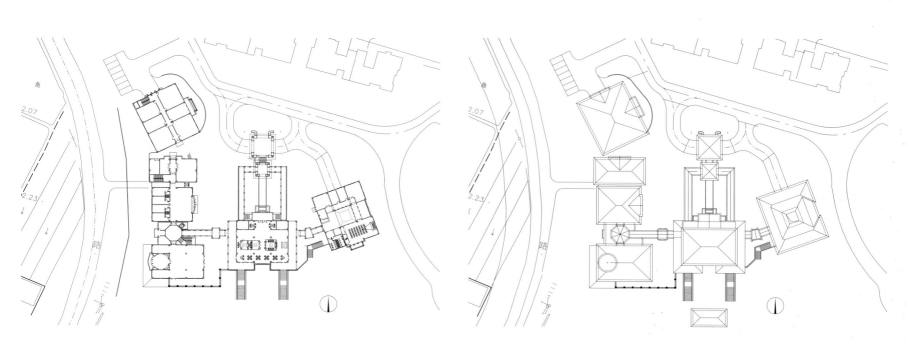

Zhongqi Green Headquarters Club

中企绿色总部会所

设计师：彭征、史鸿伟
室内设计：广州共生形态工程设计有限公司
项目地点：中国广东省佛山市
项目面积：1 000 m²

　　项目由生态型独栋写字楼、LOFT办公、公寓、五星级酒店、商务会所、休闲商业街等组成。项目所用材料有大理石、复合实木地板、灰色镜面不锈钢、透光石等。

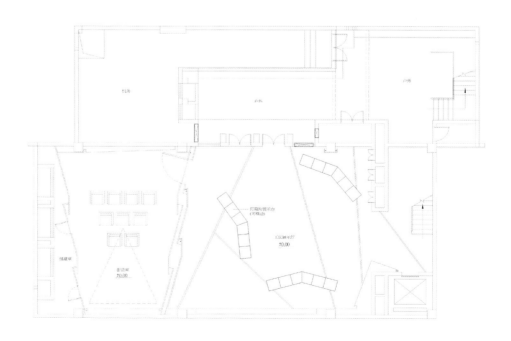

负一层平面图

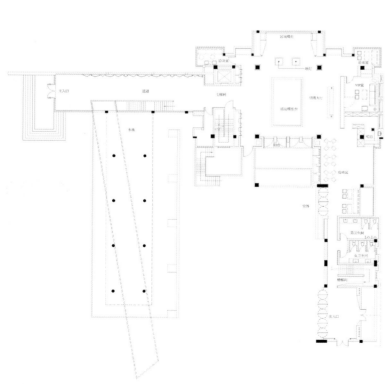

一层平面图

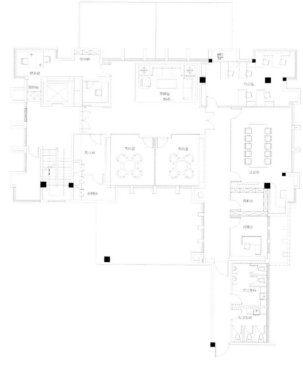

二层平面图

Finereal Junyu Villa Club, Huizhou

惠州方直君御别墅会所

设计师：戴勇
室内设计：戴勇室内设计师事务所
项目地点：中国广东省惠州市

  设计把东方的传统气韵贮存在宽敞、阔气的豪宅中，一层客厅和地下室会客区都会令人迎面感受到大气、优雅的格调。大幅的山水画、高耸到顶的花木格、经典考究的中式家具、对称的布局和审慎的构图都呈现出现代中式豪宅的气场。设计师通过整体成熟稳重的色调、古典韵味的中式元素，在传达高档豪华的同时，又让人切实感受到东方的传统古韵，并激发人尝试着去发掘出设计背后的文化深度。

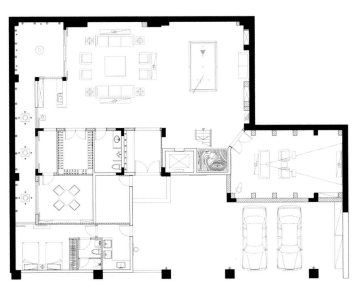

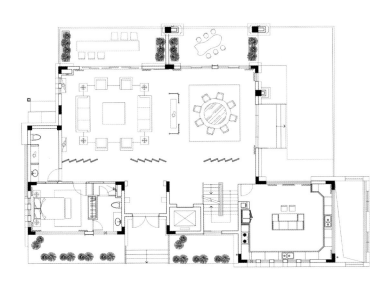

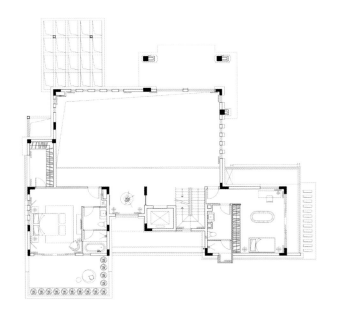

二层走廊的一端是一面陈列架，摆放着主人珍藏的精美瓷器，尽头端坐着一尊佛像，为空间注入些许禅意。顶层宽大的主人房带给人尊贵的享受，沉稳阔气之中又带着古色古香的美感，餐厅东边的院子里是一个泳池，躺在池边的阳伞下，享受着午后的阳光和清风，别有一番情致。

项目作为中式风格的设计作品，既贴合了现代人对高档奢华生活品位的追求，同时又传达出东方的美学修养和人文理念。东方的空间气质是华贵之中藏着些许含蓄内敛，大气之中又透着几分优雅谦逊。所以，每一位有着中式情结的设计师都愿意带着每一个项目，把绵延数千年的中国文化再重温一遍。

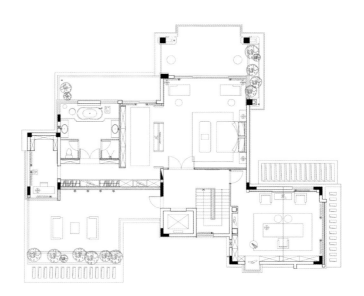

Shangzuo Club, Tongren

铜仁上座会馆

设计师：熊华阳
建筑/室内设计：深圳市华空间设计顾问有限公司
项目地点：中国贵州省铜仁市
项目面积：7000㎡

上座会馆坐落于贵州省铜仁市，是当地政府接待贵宾及各方政要的重要场所。会所内含有健身、酒吧、娱乐、餐饮等项目。依托于当地的山水之景及少数民族特色，该案从外观设计到室内设计，用中式的设计框架结合现代风格的家具、饰品，院子中央的小池塘、少数民族特色的壁画、现代风格的沙发、中式古典的木椅、竹叶图案的地毯……使会所由内及外散发出传统、高雅的新中式设计风格。

Tianlong Sanqianhai Golf Club, Beihai

北海天隆·三千海高尔夫会所

设计师：邱春瑞
室内设计：台湾大易国际·邱春瑞设计师事务所
项目地点：中国广西壮族自治区北海市
项目面积：9 600 m²

  天隆·三千海占地200万 m²，面朝太平洋，傲立于中国北海银滩西区，毗邻冠头岭国家森林公园，拥有一线蔚蓝海景，是一座集高层住宅、别墅、购物广场、娱乐城、写字楼、高尔夫球场于一体的海岸藏品。会所面积9 600 m²，外墙采用意大利进口罗马洞石铺装，气派而壮观。会所内部装修雍容华贵，采用既大气又精致的后现代欧式风格。会所配备大型更衣室、高尔夫专卖店、高档中西餐饮、桑拿、温泉SPA客房、室外温泉泡池、休闲茶吧、雪茄吧、红酒吧、宴会接待等服务。

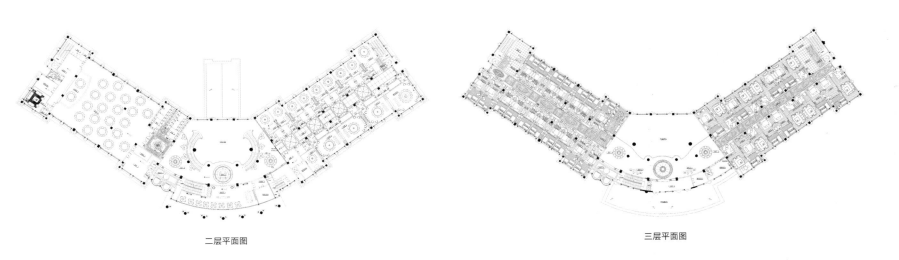

二层平面图   三层平面图

Sansheng Park Golf Club, Gu'an

固安三省园高尔夫会所

设计主持：张捷波
室内设计：北京大木博维建筑装饰设计有限公司
项目地点：中国河北省廊坊市
项目面积：720 m²

　　室内设计以自然清新、舒适雅致的北欧风格为主导。在设计上考虑建筑与室内空间的整体性，因此室内空间材料的运用延续了建筑对木材的使用，深色的鸡翅木纹理配以米黄石材，舒适而富有亲和力。

　　软装配饰上，贵宾区运用具有历史性的高尔夫主题老照片及饰品，将空间以叙述的方式串联起来；白色调的北欧风格家具，深色厚重的牛皮拼花地毯，再以朴实无华的陶罐以及极具现代感的不锈钢雕塑为点缀，使得空间氛围朴实、有历史、有文化又有现代感，在装饰性上更具整体性，与建筑物更为融合。

　　会所以自然光为主，点光源为辅。白日大面积的落地窗为室内提供充足的自然光；到了夜晚，以暖黄色点光源为主，通过点光源对墙体艺术画的处理来强调空间的层次感觉，营造与白日不同的视觉感受。

　　舒适高雅、低调奢华，这正是设计师在本设计中努力寻找的空间精神气质。

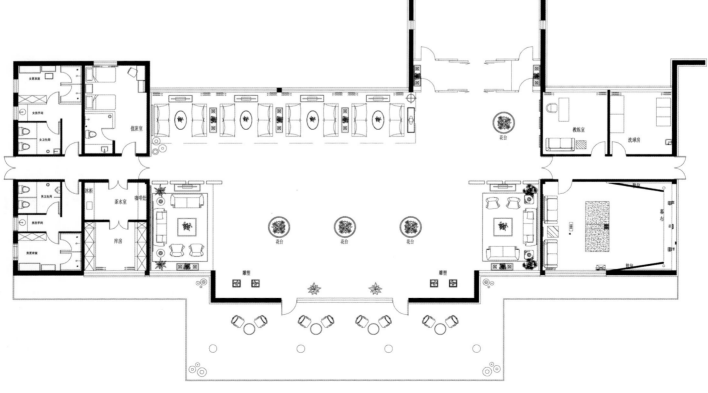

一层平面图

手绘空间图1

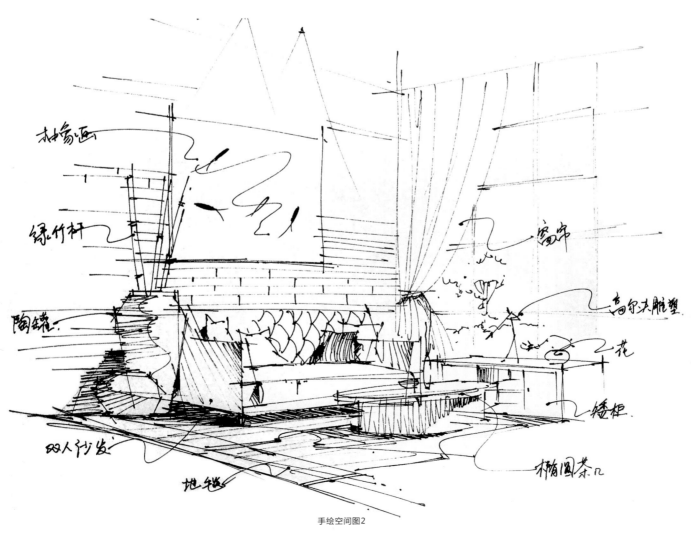

木格画

绿竹轩

陶罐

窗帘

高尔夫木雕塑

花

矮柜

双人沙发

椭圆茶几

地毯

手绘空间图2

Tender Luxury

温柔的奢华

设计师：赵牧桓

设计参与：王颖建、胡昕岳

室内设计：牧桓建筑 + 灯光设计

项目地点：中国上海市

摄影：周宇贤

本案坐落在上海浦东的黄浦江边，是一个新发展的地块，周围有规划良好的景观配套。入口处设计刻意强调景深，并用水池隔开后方通往洗手间的动线。在通往洗手间的墙立面上以水波纹动态投影烘托出流动水的质感，让室内空间与室外的黄浦江有了视觉上的联动。座位区则利用从天花下来不到底的书柜作为分隔，但却又不完全阻隔空间，让视觉上有部分的穿透感。金属帘也运用这种软性区隔空间的方式。另外以雕刻的手法处理了吧台的设计，与周遭的直线条做了对比，作为背景衬托的白杨木树林，其中光和树影若隐若现，不经意地洒在地面，增加了诗意感，使吧台宛若林里的一块石头。通往贵宾包厢的走道也同样投影水波在地面上，这种动态的方式让进入包厢的过程有了趣味，也补足了在设计上局限于"硬体"而无法与人互动的缺陷。包厢里设置的壁炉增加了视觉上的温馨感。

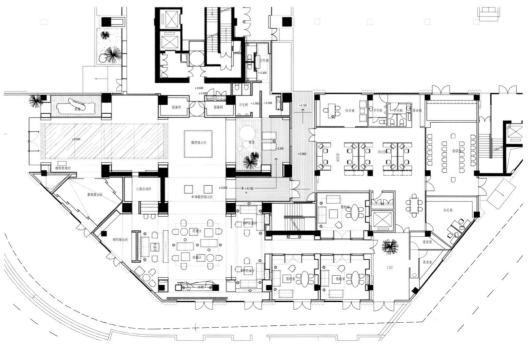

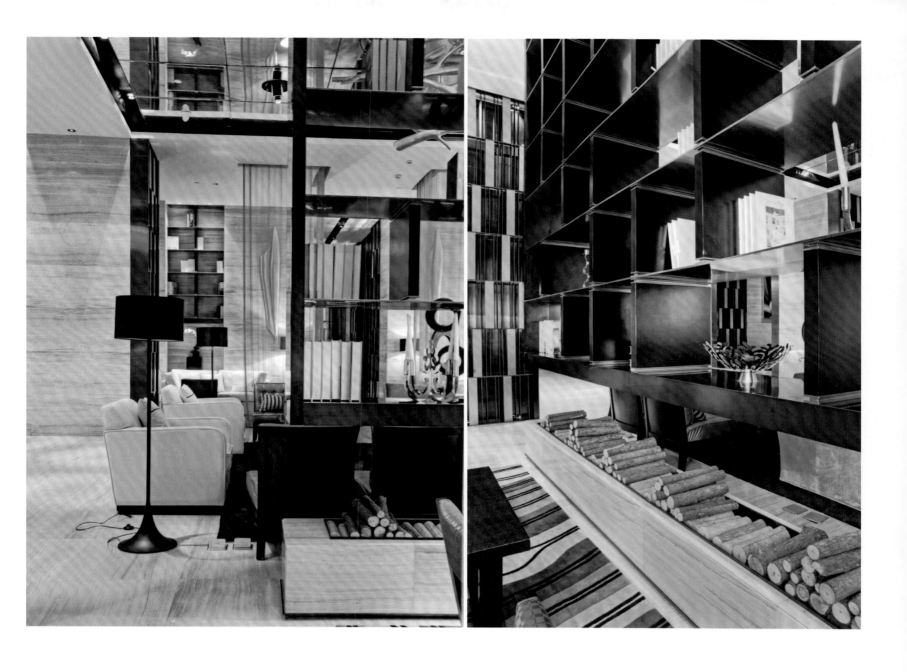

整体色彩呈现了沉稳、内敛的基调，呼应概念上刻意回避的铺张感，透过材质表现一种更深沉的华丽。挑高和释放出来的较为宽阔的空间量体表现的就是另一种奢华尺度上的"浪费"，这种"浪费"不是一般小空间能够达到的视觉张力，这是设计者透过本案想传达的一个视觉语汇。

Gemdale
City Crown

金地 · 名京会所

建筑设计：上海加合建筑设计有限公司
　　　　　南京市民用建筑设计研究院有限责任公司
景观设计：上海 HWA 景观设计公司
项目地点：中国江苏省南京市

　　极具现代感的建筑风格，使金地·名京会所外观动人、内韵非凡。设计以舒展的形体处理将建筑融于外部环境中，使之更具亲和力和吸引力，开创造出具有感染力的空间体验。经典褐色与白灰色的建筑立面，用大面积玻璃代替墙砖，风格现代而不失经典气质。

Ningbo DongQian Lake Yue Residence

宁波东钱湖悦府会

设计师：韩松
室内设计：深圳市昊泽空间设计有限公司
项目地点：中国浙江省宁波市
面积：850 m²
摄影：江河摄影

本项目以柏悦酒店为依托，傍依宁波东钱湖自然景区，独享小普陀、南宋石刻群等人文景观资源，地理位置无可比拟。

在空间上以中国建筑传统的空间序列强化东方式的礼仪感和尊贵感，在视觉上通过考究的材料和独具匠心的工艺细节，以简约的黑白搭配一气呵成，展现了东钱湖烟雨蒙蒙、水墨沁染的气韵。在硬件和智能化体系上坚持柏悦酒店一贯高品质的传承，让客人不经意间感受到骨子里的柏悦性格。一进入会所，所有的窗帘为你徐徐打开，阳光一寸寸地洒进室内；按一下开关，卫生间的门就会自动藏入墙内；全智能马桶自动感应工作……随处让人感受到高品质的舒适体验。

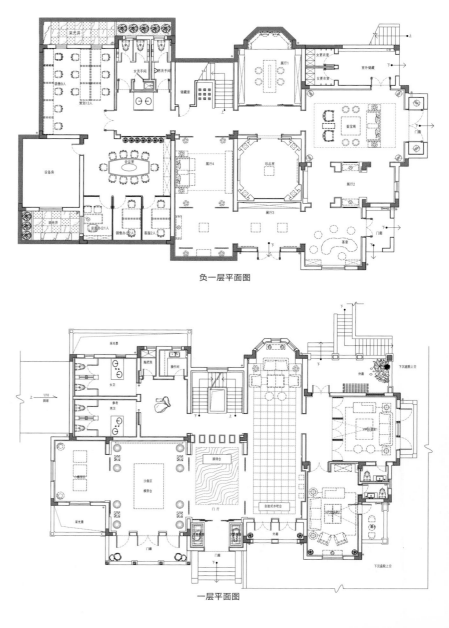

负一层平面图

一层平面图

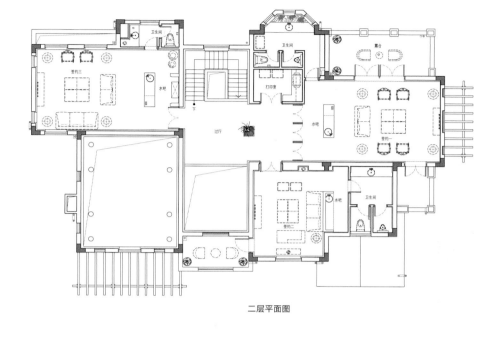

二层平面图

Vanke
Jincheng
Club,
Chongqing

重庆万科·锦程会所

设计师：姚海滨
室内设计：深圳市砚礼室内装饰设计有限公司
项目地点：中国重庆市
面积：3 000 m²

　　项目处于重庆核心区渝中区，该区是重庆市的金融中心、商贸中心、信息中心和文化中心。宗地位置位于渝中区大杨石组团，通过两条滨江路、嘉华大桥、城市快速干道、城区主要干道在 20 分钟内到达市区各大核心商圈及中央商务区。

　　会所主题定位为"重庆最大的儿童游乐堡 + 重庆第一个女人主题会所"，业态定位瞄准儿童和女人，以健康运动、培训教育为主，附以部分商务休闲功能为主。

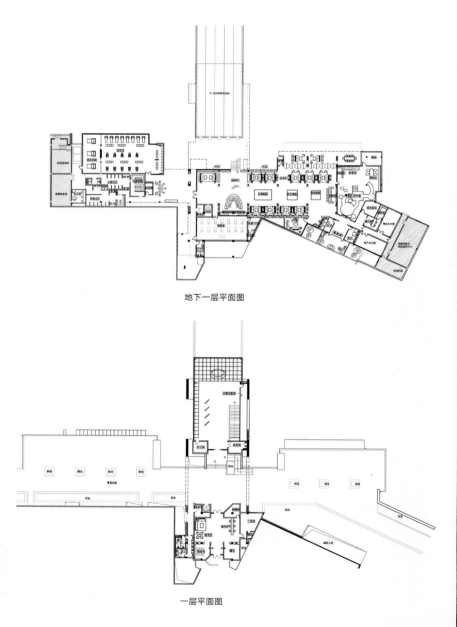

地下一层平面图

一层平面图

图书在版编目（CIP）数据

顶级会所 II / 佳图文化编 . — 天津：天津大学出

版社，2013.3

ISBN 978-7-5618-4579-0

Ⅰ .①顶···Ⅱ .①佳···Ⅲ .①服务建筑—室内装饰

设计—中国—图集 Ⅳ .① TU247-64

中国版本图书馆 CIP 数据核字（2013）第 003765 号

策　　划　佳图文化

责任编辑　油俊伟

出版发行　天津大学出版社

出 版 人　杨欢

地　　址　天津市卫津路 92 号天津大学内（邮编：300072）

电　　话　发行部：022—27403647　邮购部：022—27402742

网　　址　publish.tju.edu.cn

印　　刷　广州市中天彩色印刷有限公司

经　　销　全国各地新华书店

开　　本　245mm×325mm

印　　张　17

字　　数　466 千

版　　次　2013 年 3 月第 1 版

印　　次　2013 年 3 月第 1 次

定　　价　298.00 元